典藏 新中式

中式茶楼

中 国 林 业 出 版 社
China Forestry Publishing House

目录

Contents

静茶·香格里拉店
Jing Teahouse(Shangri-La)

设计单位：道和设计　　设计师：高雄

项目地点：福建福州

项目面积：140平方米

主要材料：黑钛、水曲柳、黑镜、毛石、
　　　　　铁架花格、木纹砖、
　　　　　蒙古黑火烧板、墙纸白色烤漆玻璃

本案是静茶的第二家店，是按照标准店的经营模式，故此次采用了许多标准化的模式，在整个空间设计里，流动着静穆、深邃的气韵，散发着诗性的光芒，既具深厚的传统积淀，又有鲜明的时代特征。作品体现了设计师对深化山水意境的追求，其中对东方文化的体现尤为深刻，有中华武术的阳刚之美，也有高山流水的韵律之美，更充实着华夏人的热爱和平，追求和谐的大度之美。

在作品中我们已经看到了"新东方主义"的形成。在这个时代，文化的本源与融合，成为一对矛盾却互相无法割舍的力量。美学概念浑然一体，无法强行拆分。但倘若我们一定要剖析"新东方主义"，大概应是"东方的审美传统、西方的现代精神、设计的艺术创造"，三位一体，缺一不可。东西方文化的碰撞与融合是"新东方主义"的核心思想。

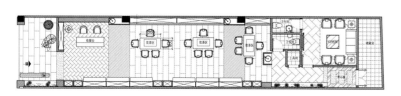

平面布置图

好自在茶艺馆
Comfortable Teahouse
设计单位：道和设计机构   设计师：郭予书

项目地点：福建福州

项目面积：260平方米

主要材料：黑钛、方管、槽钢、
　　　　　麻布硬包、木质花格、
　　　　　木质墙边线、蒙古黑火烧板、
　　　　　白色烤漆玻璃

好自在茶艺馆位于福州定光寺内，茶馆的环境和茶一样，清淡、儒雅、内敛而不张扬。由于坐落在古寺中的地利之变，茶艺馆延续了自古 "禅茶一味"的文化思想：静穆，观照，超一切忧喜，亦于清淡隽永之中完成自身人性的升华。于世人而言，在凡尘俗世中偷得半日空闲，持一杯清茶在手，从茶香中品味着 "茶可清心"的含义，在纷纷扰扰的世间万象中感受茶带来的佛家清净本质，又何尝不是一种极好的休闲方式？

茶能使人心静、不乱，有乐趣，但又有节制。本案以精炼的黑白搭配作为主题，简约的直线条，勾勒

出复古的空间感，大面积的留白则让空间大气通透。黑白实木的沉静稳重，隐示茶文化有条不紊的文化发展历程。

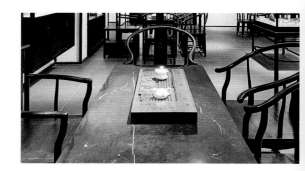

平面布置图

古逸阁
Gu Yi Ge
设计师：陈杰

项目地点：福建福州

项目面积：200 平方米

　　茶会所的空间形态往往被束缚在某种意识形态中，但相同名称的空间种类的差异性是体现在人们对其个性的匠心独运。古逸阁茶会所作为设计师"浮云"系列作品之一，"无像无相"是其对空间意境的崭新诠释。这种创造的源动力让这个会所衍生出别样的气质，以木为媒，以禅为念，心清助道业，清苦得心定。

　　古逸阁茶会所位于浦上大道，与万达商圈毗邻。设计师遵循"物尽其用是为俭"的理念，将一份古朴与清静浸润在空间之中，让目之所及的一切愈加耐人寻味。会所前的户外区域，地面用憨实的枕木铺陈，周边的桌椅以木质、石质、竹质交糅在一起，透着一

股自然苍劲的美，悄然打动着过往的人们。墙面的透明玻璃呈现出会所内部的景致，它仿佛是一副取景框，涵盖的风景或许是一个插着枯枝的陶罐，一把改良过后的中式椅子，抑或是灯光留下的影子，骤然生动。

平面布置图

碧翠茶庄
Patrice Teahouse

设计单位：香港斯韦普设计成都公司　　设计师：杨洋

项目地点：四川成都市

项目面积：1200 平方米

主要材料：毛石、青砖、彩绘、竹子、老窗

　　中国的茶道精神，追求的是一种境界，讲究的是境清。茶道活动的的环境必选清幽、清洁、清雅之所，或松间石上、泉侧溪畔，或清风丽日、竹茂林幽。本案青灰色的装饰基调，古色古香的中式家具，流水潺潺的室内景观，韵味十足的老照片，处处满溢着中国古典装饰的风韵气息。

　　古朴的桌椅、木质的屏风、古老的字画，一桩桩、一件件都在诉说着历史的情境。进入茶吧，空间内满是中式传统的元素，带着神秘的色彩。设计师强调室内光的效果，营造古朴高雅的空间气氛，尽显浓厚的茶文化。红黑色彩的主应用，则让整个空间更加含蓄、

神秘，从而突出亮点，增强空间的艺术感染力。大量使用粗材细做的手法，突出了材料内在的质感和神韵。而简单粗犷的材质，通过全新的手法和工艺处理，结合光的运用，营造了一种空灵和贵气。

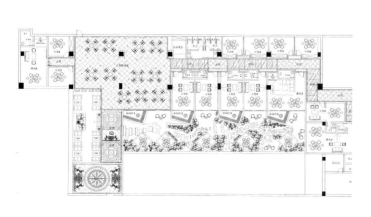

平面布置图

吉品汇
Ji Pin Hui

设计单位：道和设计机构　　设计师：高雄

项目地点：福建福州市

项目面积：250 平方米

主要材料：黑钛、水曲柳、黑镜、清砖、
　　　　　铁架花格、木纹砖、
　　　　　蒙古黑火烧板、墙纸

福州又称之为榕城。这里，地势坦阔，道路宽广，创意聚集，是文化之地。行旅过客如同流水一样，在这儿观览过、思索过，流连忘返却又匆匆地逝去了，不曾片刻停留。

所留下的和重复着的，亦只有那春夏秋冬四时擦身而过留下的苍然印记，以及那东西南北八方风云。留下的都不打算离开，算是美之事物。

中华之文明，古老而璀璨，涵内而静美，茶文化更是清新高雅。本案以莲花的特质凝聚得含蓄而精致（中通外直，不蔓不枝），通过现代工艺手法将木作升华，用于吊顶、楼梯、墙面、展示柜；并且结合黑色硝基漆处理的镀锌管、白色烤漆玻璃、深色如石材，诠释着淡雅清茶所带来的芬芳，中华魂骨之刚劲。

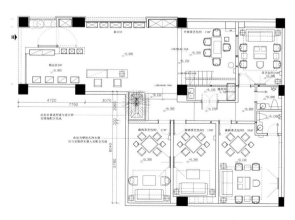

平面布置图

妙香素食
Miao Xiang Vegetarian Restaurant
设计师：陈杰

项目地点：福建福州

项目面积：830 平方米

人类在不断发展进步，饮食也早已不再单一追求果腹。回归自然、回归健康。保护地球生态环境，深深地影响着现代饮食的观念。于是，天然纯净素食成为 21 世纪饮食新潮流、素食文化逐渐成为一个全球性的时尚标签，代表着一种全新的环保、健康生活方式。

原本位于福州五四北的妙香素食，如今搬到了华侨新村 62 号，在布满岁月痕迹的花园洋房安了家。素净淡雅的环境里没有繁杂的装饰，人们看到的是一份淡定和随性。造访"妙香素食"，更像前往信佛人家做客，品尝私房菜，追随他们一心向佛，却又不忘

人间美味的那一份虔诚。置身于妙香素食落英缤纷的院落里，呼吸着带着有雨露泥土芳香的潮湿空气，远离了都市的喧嚣，让我们可以细细体会着这里的质朴和恬静。

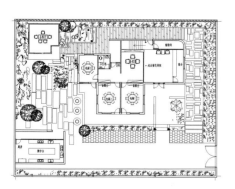

平面布置图

茶禅味品
Tea & Zen

设计单位：扬州旭日东升装饰机构   设计师：施旭东

项目面积：400平方米

主要材料：黑色方管、爵士白大理石、
        黑镜、仿古砖

位于西湖湖畔的静茶吸取了西湖凝聚千年的灵气，在周遭一片灯红酒绿间突显着它的静谧和高雅。设计师沿用了"禅茶一味"的设计理念，将东方传统文化中"禅"的思维方式来体现繁华落尽的细微之美，将静茶的精髓完美呈现，同时成就空间的空灵之美。

禅是东方古老文化理论精髓之一，茶亦是中国传统文化的组成部分，品茶悟禅自古有之。以禅的风韵来诠释室内设计，他不求华丽，旨在体现人与自然的沟通，以求为现代人营造一片灵魂的栖息之地。会所内以素色为主调的痕迹，粗糙的青石板与天然纹理的仿古砖厚实而流畅，仿佛划过满了时间的痕迹，为整

个空间带来一种大气磅礴的气势。而被大面积运用的源于中国古代窗花造型演变而来各式花格，则以一种独特的姿态诠释着中式之美。

为了诠释这些独特的材质，设计师在细节之处颇为用心，无论是泛着暧昧红光的伞形灯、石造上摆饰雍容典雅的佛像、特枝，还是那些做工精良的中式家具、置于展示柜内的精美瓷器与茶具，这些细微之处的累积都让空间显得更为饱满。

光是内部空间丽不可或缺的角色，酷爱利用光的明、暗、虚、实等属性给室内带来充满变幻的视觉享受。室内一暖色射灯作为空间的主要装饰光源，暖而不媚。利用格栅镂空使光线自由地在室内游走，随性洒脱。如林之设计师利用墙面、柱子、玻璃、隔栅等作为空间的视觉间隔，使得室内的相关空间或成疏朗状或微觉明亮，戏剧性的明暗对比犹如一曲抑扬顿挫的咏叹调，令真回味无穷。

平面布置图

周和茗茶
Zhou He Tea

设计单位：北京建极峰上大宅装饰西安分公司　　设计师：王永

项目地点：陕西渭南

项目面积：1000平方米

主要材料：黑色石材、灰镜、灰木纹砖、
　　　　　黑色文化石、钨钢、不锈钢、
　　　　　钢化玻璃、壁纸、灰色仿古地砖、
　　　　　艺术挂画、水曲柳做旧处理饰面护
　　　　　墙、乳胶漆

　　门厅的茶壶水景引领人们进入了一个充满古风茶韵的诗意空间，开敞区域错缝铺贴的灰色仿古地砖给整个茶餐厅奠定了雅致、宁静的感受，做旧的实木家具更让空间多了一份厚重的中国茶文化沉淀，茶艺区是一楼整个空间的点睛之处，它背倚精致的楼梯水景幕墙，左邻散座区的蝴蝶灯装饰墙，右接灯光璀璨的前台服务区，面对的是精心挑选的八幅装饰挂画。

　　整个空间色彩含蓄，是中国传统文化的充分体现，装饰灯具的选用也是本次设计的一大亮点，有伞灯、莲花灯、鹤灯、蝴蝶灯、鸟笼灯、球形灯等，不同的色调相映成辉，配以各种洋溢着中国传统韵味的装饰

挂画更让空间充满了诗情画意，不管是雨后的早晨还是下雪的午后，推门进入的总是一个充满中国茶文化气息的完美空间……

散座区呈"L"形围绕茶艺区设置，让每个角度都能欣赏到茶艺表演，同时又增加了入座率，顺着装有软管灯的钢化玻璃楼梯拾级而上便来到了二楼休闲品茶区，四个简约而不失中国韵味的鸟笼灯与陶艺镂花装饰水缸活跃了整个空间，二楼主要接待团体跟 VIP 客人，雅致的包间茶味十足，通顶的水曲柳做旧护墙大气而朴素。

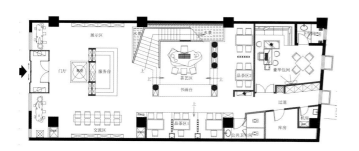

一层平面布置图

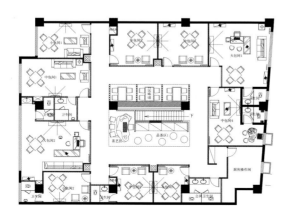

二层平面布置图

茶会
Tea Club

设计单位：黑龙江省佳木斯市蒙思环境艺术顾问设计公司　　设计师：王严民

项目地点：黑龙江佳木斯市

项目面积：645 平方米

主要材料：锈板瓷砖、复古老墙砖、
中式木格、浮雕曲柳贴面板、
布艺、壁纸、乳胶漆

"茶会"位于黑龙江省佳木斯市，身为本土设计师，没有刻意表达明清京韵和江南秀雅。

力求将"茶会"打造出北方地域与秦汉气息相融合的人文氛围，厚重不失灵巧，简型做，朴气质。复古老墙砖、中式木格的融入，使东方韵味更加浓重。给人内心以宁静致远的禅宗心境。

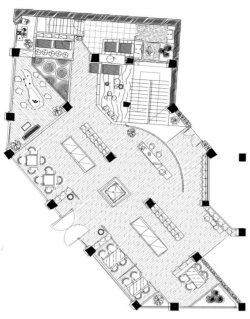

一层平面布置图

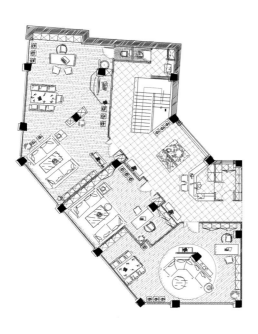

二层平面布置图

别样茶楼
Unique Teahouse
设计师：张京涛

项目地点：河北石家庄市

项目面积：750 平方米

主要材料：木地板、黑檀、木料、喷绘

一提到茶楼，留在人们脑海中根深蒂固的印象就是灰砖、青石、木雕、木格栅等浓重的传统中式符号，本案的出发点就是颠覆这一传统观念，呈现给客人一个别样的空间感受。

凰茶会是一家专业经营高等普洱茶的公司，为了配合茶品颜色、口感上的特点，设计上将空间的主材和主色调定位在非常素雅的材质，如亚麻布、木纹石材，这些非传统茶楼所用材质营造出了一个素雅的环境大背景。

但是作为茶楼，千变万化不应脱离其中式的根本风格，那么我们就通点的形式来体现其中式风格的筋骨。既然是要颠覆其传统概念，那么我们就在其材质、工艺、表现形式等多方面来进行重塑。

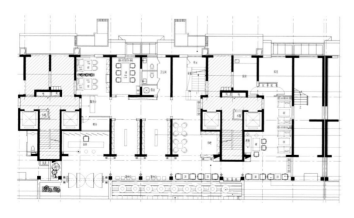

一层平面布置图

二层平面布置图

印象客家
Impressions of Hakka

设计单位：福建品川装饰设计工程有限公司　设计师：陈杰

项目地点：福建福州

项目面积：1100 平方米

主要材料：水曲柳、仿古砖、铁艺花格、
　　　　　青砖、实木

　　任何一种文化、一种理念，都要通过一个载体来培养，既而发扬光大。"印象客家"便是这样一个地方，它在设计师的精心规划之下充满了想象，于有形无形之间塑造出许多耐人寻味的情境。于是，我们在此用餐或品茶，体验到的不仅是味蕾的高级享受，更是触动心灵的一个过程。

　　印象客家位于 A-ONE 运动公园内，隐于深处的位置给这个餐饮空间多了几分低调与内敛。"追根溯源，四海为家"的文化理念也在潜移默化中得到些许诠释。尚未进入空间内部，外面的庭院景观已然吸引了我们的目光。包厢置于自然的怀抱之中，食客便拥有了广阔的视野。同时，玻璃墙面使得窗外郁郁葱葱的景致成为一道天然的背景。渐渐地，这里的一草一木、一砖一瓦，不管是有生命的还是没生命的，都找到了与空间沟通共融的方式。

印象客家的门面上方用斑驳的铁皮做装饰，粗犷的纹理显得厚实而有力量感。下方的圆窗位置，摆放着石磨与擂茶饼，墙面上的地图指示出客家族群在国内的分布情况，这些与客家文化一脉相承的物件在这古朴的空间中悠悠不尽。

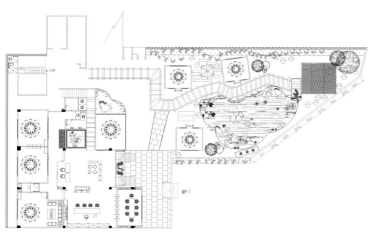

平面布置图

瓦库 6 号
Waku (6th Branch)

设计师：余平

项目地点：江苏南京市

项目面积：900 平方米

"瓦库"以众多瓦的集结，用"瓦"单纯的合声呼唤我们记忆的情感，借以为都市人们提供一个喝茶叙旧的地方。

打开每扇窗，阳光照进，空气流通是瓦库设计的核心理念。空间布局不为风格而风格，一切为阳光和空气让路，瓦和吊扇承担着主角的使命，空间自然而就。

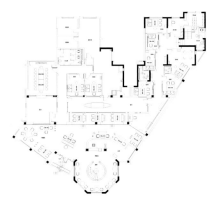

一层平面布置图

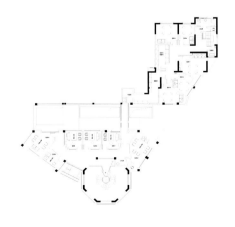

二层平面布置图

沁心轩
Refreshing House

设计单位：福州中和设计事务所　　设计师：石敏强、陈锐峰

项目地点：福建福州

项目面积：99 平方米

主要材料：水泥板、瓦片、茶叶盒、灰镜

本案是一个面积不大的茶叶小会所，自然与朴素是这个空间的重要标准，然而今天的审美和主流思维已经远离了那个传统的年代。于是设计师重新解构了中国文化中代表性元素，从色彩中提炼出黑与白，从形态中提炼出方与圆，从氛围提炼出闹与静，最终塑造出一个精神需求与物质享受相融合的意境空间。

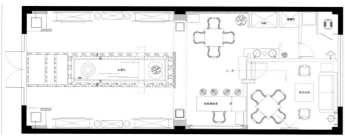

平面布置图

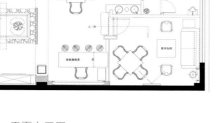

华亨茶社
Hua Heng Teahouse
设计师：黄锋

项目地点：福建厦门市

项目面积：600 平方米

　　会员制茶舍，区别于一般休闲茶舍定位，定位高端客户。讲究生活与自然的相融合，现代与古典的相汇，进入室内仿佛置身于自然园林中，品茶的意境油然而生。空间布局整齐清晰，区域划分独立，划分区段设计独特各异。

　　空间装饰多运用石材，古典与现代材质的家具独特搭配，不但不失园林意境，更添韵味。

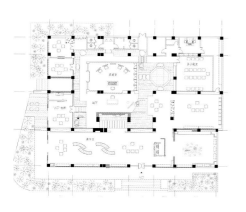

平面布置图

静茶
Jing Tea
设计师：高雄

项目地点：福建福州

项目面积：242 平方米

主要材料：黑钛、水曲柳、黑镜、清砖、
　　　　　铁架花格、木纹砖、
　　　　　蒙古黑火烧板、墙纸

　　本案的设计上，设计师打破了往日人们视觉上习惯的墨守成规，跳出别人考虑的形态来塑造企业的自身价值。按其理念以低调的手法，利用穿透与半穿透的多层次空间引光，让每一个空间角落皆能自然的与静茶本身的意境接轨。达到情与景有机地融合在一起，表现出鲜明的、给人以想象的自然景物，体现出自然中的形象，又将自然中的情趣美，耐人寻味的意蕴美融入到创作中，作品显示出更深的内涵和更幽远的意境美。

　　白色水泥墙，黑色水曲柳，古朴的清式家具，古色古香的窗格水景，静谧的气氛不言而运至其间。就

　　如设计者所说的意境不是作者给予观者的直接感受，而是鉴于观者根据自身的文化修为高低，所欣赏审美喜好所臆想出来的美丽，这才是最自然的一种形式美感的东西。

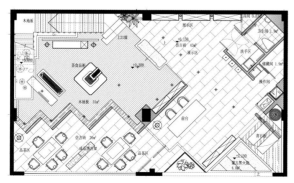

一层平面布置图

二层平面布置图

夷尊茶业
Yi Zun Tea Shop
设计单位：道和设计机构　　设计师：高雄

项目地点：福建福州

项目面积：71 平方米

主要材料：黑钛、黑镜、墙纸、木纹砖、
　　　　　条纹砖、实木块、编织板、毛石

　　武夷岩茶品质独特，它未经窨花，茶汤却有浓郁的鲜花香，饮时甘馨可口，回味无穷。"夷尊"用最浅显的文字记述茶在多元变动因素中如何脱颖而出，并期待带给世人品饮艺术的一份清香。茶是国饮，茶香飘扬千年，你我在茶里乾坤中，有没有找到柔鲜？有没有喝了口茶而能品出她一身风情？

　　设计茶店可以是件轻松平凡的事，要有一颗对茶的好情，就可以用心品味清香，并且能凝精聚神细细地由茶的实体抽离出意象，并且让这些"象"成形，在这方面我们与业主达成共识——让设计和茶变得简单、自然。

平面布置图

观茶天下
Understand World Tea
设计单位：中国（合肥）许建国建筑室内装饰设计有限公司　设计师：许建国

项目地点：安徽合肥

项目面积：360 平方米

主要材料：古木纹饰面板、小青砖、
　　　　　芝麻黑石材、仿古板

本案位于合肥市黄山路原学府路中环城，是文化一脉相承的主街，周围的人群层次较高，选择具有浓厚的茶文化底蕴的徽派风格来彰显本案特点，创造一番世外桃源之地，试图打破传统徽派建筑特点，让人享受一份放松、优雅的环境，细细体会徽州茶文化精髓。本案外观运用马头墙有序排列，可以增强徽文化印象，让人容易注意到这番自然的净土。

设计思路主抓徽州茶文化精髓，所谓："酒好可引八方客、茶香可会千里友"，正是设计师所要表达的内质。徽州茶道，讲究以茶立德，以茶陶情，以茶会友，以茶敬宾；设计工作重点是营造茶楼环境、气氛，以求汤清、气清、心清，境雅、器雅、人雅，真正表达博大精深的中华茶文化。

　　设计师偶然在家具厂发现的上世纪留下来的废弃的旧桌腿，收购再利用改造成本案的楼梯扶手，给废弃的旧物带来了新的生命，意义非同寻常，新改造的楼梯扶手具有一种仿古的韵味，是本案原始、回归、自然的体现，也表达了设计师从容，自然，营造一种论茶论道的环境大气的设计手法。从而创造一个为成人之士畅饮通杯没有压力的独特的品茶环境。

　　完成后的作品风格主调明确，与以往的茶楼概念有所不同，将传统装饰元素的经典之处，提炼并演变成为新的设计符号，在二楼品茶区运用了细腻并充满文化气息的细节装饰。本案通过现代简洁的设计语言来描述，将这样一处充满茶香的文化空间，拉近了与现代生活之间的距离。空间中的流动性、透明性、开放性以及互溶性，充分体现了设计师与整个空间的艺术理念：即使身在繁杂的大都市，我们依旧能够创造一份纯净的天空。

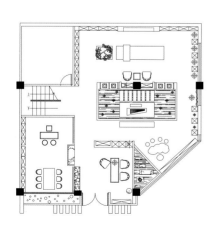

一层平面布置图

　　本案一楼是茶叶销售区，二楼是品茶区。进入门厅运用书架式隔断，减少外部环境对内部的影响，一楼分为前厅接待区、体验区、休闲景观区、茶叶展示区。茶叶展区中间有水井相隔开，展区有序地摆放着茶产品，展区四周循环通道，方便流动与选取。一楼景观区有古琴、书卷架、观音、假山水景，让人感受一份平静、朴素、平和、自然的空间氛围。

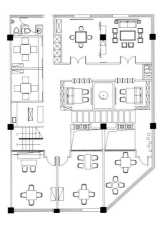

二层平面布置图

环秀晓筑抱翠堂
Ladle out Green Tea

设计单位：苏州国贸嘉和建筑装饰工程有限公司　　设计师：余守桂

项目地点：江苏苏州

项目面积：500平方米

主要材料：仿旧窄地板、毛面灰色地砖、
　　　　　松木板

　　本案位于旺山西南山坳的一片茂密竹林之中，自然环境雅致清幽，项目为度假酒店配套的茶室，定性为临时建筑，因此从建筑开始便以"朴、拙"为设计方向，力求最大限度减少对环境的破坏以达到与自然的融合，以原生态的方式演绎茶道氛围，建筑由一个茶室和四个包厢组成。

　　"曲水流觞，茂竹修林"取《兰亭集序》"此地有崇山峻岭，茂林修竹，又有清流激湍，映带左右，引以为流觞曲水，列坐其次。虽无丝竹管弦之盛，一觞一咏，亦足以畅叙幽情"情境，致力于创造一个追求林泉归隐的士人氛围，意在传递"和、敬、清、寂"

茶文化的同时，消解时空跨度，给人以轻松回归的精神慰籍与视觉享受，以期达到"静扰一榻琴书，动涵半轮秋水"的空间感受。

以"危桥属幽径，缭绕穿疏林。进箨分苦节，轻筠抱虚心。俯瞰涓涓流，仰聆萧萧吟"古诗为情境，在竹林中依地势起伏及竹林疏密"按时架屋"，自成错落逶迤、曲径通幽的天然之趣。利用原排水渠道作"若为无境"的理水处理，注重茂林修竹与水景结合带给人的视觉感受。运用贴近自然的材料和平实的手法，塑造建筑与环境的雅致朴素、返璞归真，力求人文精神与自然景观达到完美契合，尽力避免人事之功，以期达到宛自天开的视觉感受。

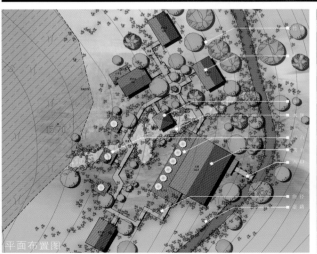

平面布置图

瓦库 7 号
Waku (7th Branch)
设计师：余平

项目地点：河南洛阳

项目面积：1200 平方米

主要材料：旧瓦、旧木、沙灰墙

瓦库 7 号又是一次瓦的集结。位于洛阳市新区，建筑分为三层共 1200 平方米，开窗为东西朝向，每扇均可打开。

"让阳光照进，空气流通"是瓦库设计坚守的核心理念。将大自然的阳光、空气提供给每一天到来的客人，是本案设计解决的重点。

对流窗与吊风扇的结合，加速室内气体吐故纳新的循环作用。空间组织在完成商业流线的前提下，最大化解决自然光和空气的流动，即使是座落在远窗角落的房间也力求让阳光空气自然穿行其中。

主材为旧瓦、旧木、沙灰墙等可呼吸材料，让室内空间穿上纯棉的内衣，它们接应着阳光、空气构成与生命情感的对话。

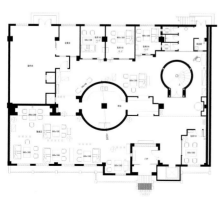

一层平面布置图

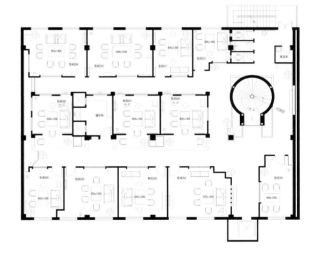

二层平面布置图

茗古园
Ancient Tea Garden
设计师：陈杰

项目地点：福建福州

茗古园的设计思想源于茶道"和、敬、清、寂"四字真髓中的"清"字，旨在演绎"心无旁物人自清"的修养境界。设计师陈杰希望宾客通过与空间的交流，感受并领悟放弃一切世俗欲望，达到真正平静的本我之态以及专注、克制的至清茶境。

会所的入口处左侧采用透明玻璃做"橱窗"设计，现代的视觉模式与传统的陈设元素在碰撞中衬托着对方的魅力，并产生了空间默契。而入口的玻璃门上采用了祥云的图案，在红色灯笼的光线映衬下，散发着以一种若即若离的感觉，有着犹抱琵琶半遮面的韵味。正对大门的玄关则用石制踏步、流水、侍女像、枯木

等组合出一幅唯美的景致。玄关上的镂空设计，让室内外的空间有了交流的可能。茗古园的第一次视觉表达便在形散神不散的设计物语中释放着禅意，悄然打动着过往的人们。

　　进入茗古园内部，我们疑心自己走错了时空，周身被一股从未体验过的历史感包围着，刚刚还紧随着的都市喧嚣被断然隔在了身后。我们无法立即用准确的辞藻去形容目之所及的内容，能做的就是静下心，放慢呼吸的节奏去感受眼前的一切。空间的主体区域用斑驳的原木做茶几，民俗家具做隔断，周边的墙面则用天然麻布作为装裱材料，顶上更是悬挂着若干浮云状照明灯具。它们在光影的烘托下营造出和谐的空间律动，并实现了空间文化的蜕变。一旁的包厢用透光材质裱面，素而不俗，装点出了一种妩媚与智慧的空间气质。这个体量感十足的黑白调空间丰富了视觉层次，也让每次来此的宾客有了相似却不同的体验。

　　茗古园的整体塑造时而顿挫有力，时而轻拂笔尖。不同的功能区域在这里分布不同的节奏，看光影慢慢爬上老家具，遒劲的脉络呈现着清晰可见的力量。而细节处的物件只留安静雅致，耐人寻味。传统中式材料的新运用，让房子内的气场散发出淡淡的禅意和浓浓的文化底蕴，似乎该有些悠远的声音从远处传来才能让这一切显得真实些。

茗仕汇
Ming Shi Hui

设计师：陈杰

项目地点：福建福州

项目面积：400 平方米

主要材料：青砖、青石

　　一具石像静伫在小径尽头，仿佛已等了许久，而此处更像极了你我最终的归宿，心的故乡之所在。青砖墙上生长的绿植生机勃勃，也有耐人寻味的所指。吊顶之上奇异的灯如同朦胧的月亮，只是换了修长的身姿，将来者的思绪拉得绵长而愈发朦胧。

　　古意盎然疯长于经维之间，一方清雅的所在静安于市，闲坐在此，约三两好友品茗长谈，难得亦惬意。一盏清茶，几句调侃，呼朋唤友，好生自在逍遥。设计师便是为了如此这般的缘由，用其巧手妙思，圆了我们一个禅意十足、意味颇丰的品茗梦。

　　白色的鹅卵石洒落在路边，交错平行的立面像把折扇慢慢推开，将空间的意蕴荡漾开去。而入眼尽是简而有味的明式隔断和家具，令古意弥漫在空间每个角落。

推开此扇方圆和谐的门扉，将喧嚣与浮躁都留给了两旁青葱翠竹代为消化，你我只管前往这淡然的所在，去觅那久违的轻松。走过青石铺就的路面，苍劲的书法在薄的卷面上翻飞，光透过以此为屏风的隔断，令这些墨迹泛着久远的意蕴，充满了摄人心魄无法抗拒的美。

茗腾茶叶北京体验馆
Beijing Ming Teng Tea Experience House
设计师：王砚晨、李向宁

项目地点：北京朝阳区

项目面积：200 平方米

茶是文化，也是艺术，更是中国式的生活方式的表征，它深深融入中国人的血液和精神之中。茶在中国传统文化中是有灵气的圣物，也是禅宗道仙、文人墨客谈论万物终极不可或缺的必需品，茶是从此岸世界走向彼岸世界的物质载体。

设计师从接手打造"茗腾茶叶"全国第一家品牌体验馆（北京）之始，全面解读茗腾茶叶"茗腾生活.静时尚"的品牌个性，力图营造一种凌驾在奢华的外表与虚假的噱头之上，跨越了时间的局限，和空间的束缚的东方人文意境，一种传统的精粹，一种极致的东方之美。空间布局清晰简单，主要是给予各个空间的

独立性，享受一份安宁。材料朴素，颜色淡雅，切合主题，服务理念。

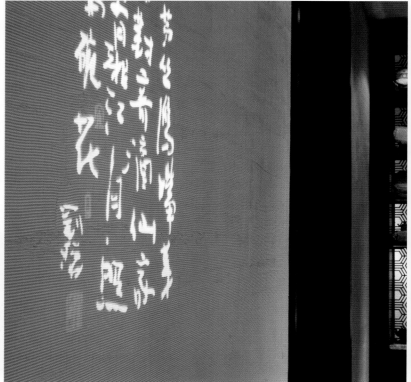

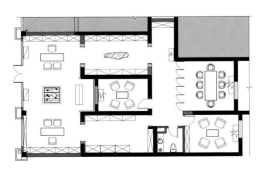

平面布置图

茶·汇
Tea & Meeting
设计单位：赵益平设计师事务所　设计师：赵益平

项目面积：1500 平方米

主要材料：木饰面、青麻石、
　　　　　墙绘、表纸工艺

本案位于繁华闹市一隅，投资方拟造一所以茶会友之所。商业定性为会所式，营业模式预采用会员制，拟营造一个宁静，隐秘氛围，又提供一个当代精英们会友、谈判、规划合作、以及娱乐的场所。

以汇字为中心贯穿空间，同时，为了强调空间低调、含蓄的氛围而融入了江南建筑气质的元素与中国传统文化的神意加以贯穿。在大厅部分，江南建筑中的廊柱建筑体量元素运用其内，提炼了空间的气质。孔明灯的造型漫遍当中，用意吉祥与和谐。同时其数量来量化"汇"的精气。

整个空间中有木制的沉着与稳重，建筑语言运用

其中，为了避免生硬，大量的墙绘运用其中，使得空间中艺术与唯美得到升华。

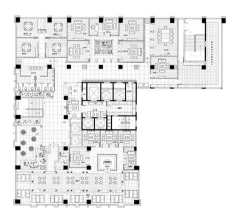

平面布置图

梦江南

Dreaming of the Southland

设计师：王家飞

项目地点：福建福州

项目面积：500 平方米

主要材料：仿古砖、蒙托漆

本空间为一处茶文化展示厅。注重发掘中式传统文化精髓，体现江南建筑的自然风貌和儒家茶道精神。运用现代的装饰手法，体现内在的文化。

本案在功能布局上，以江南建筑作为区域划分的依据。江南园林建筑语言、竹林、中式活字印刷等元素充满其中，使空间产生无尽的意境。以黑、白、灰作为主要的空间色彩，反应出中式的沉稳与大气。间或的红色，使空间呈现高低起伏的曲线美，恰似一篇江南悠悠的乐章，并将旋律流淌出的意境推向极致。

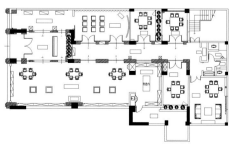

平面布置图

荣轩茶社
Rong Xuan Teahouse
设计单位：杭州大相艺术设计有限公司　设计师：蒋建宇

项目地点：浙江台州

项目面积：860 平方米

主要材料：青砖、青石板、藤编、
　　　　　松木板染色、铁制灯具、
　　　　　密度板、黑色玄武岩

本案地处台州临海市灵湖公园内，环境清雅宜人。近市区而不喧闹，极具茶禅味之意境。投资人为当地著名张姓美食家，其人品味超绝，行事风格独树一帜。因其好结朋友，圈子广阔，此茶社最初出发点仅在于招待一些兴致相投的喜茶禅之朋友。所以在设计中并无太多商业诉求，力求空间做到心静、远离尘嚣，力图创造一个心灵的净土。

设计方在尽可能屏弃元素化的同时尽量减少人工材料的使用，尽可能做到无设计痕迹，并能达到意境上的高远。

本项目在设计中尝试空间特质的全方位体验，通过视觉、听觉、嗅觉、味觉、触觉的综合达到意念上的美妙感观。

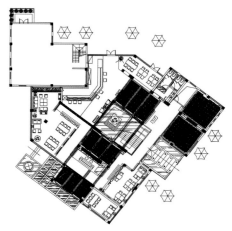

一层平面布置图

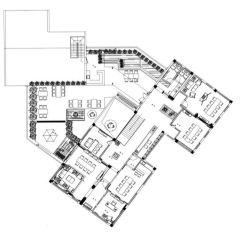

二层平面布置图

尚泉茶韵
Shang Quan Tea Scent
设计师：李明

项目地点：山东济南

项目面积：360 平方米

主要材料：碳化木、海基布、老榆木

"天圆地方"的空间元素，源于博大精深的中国传统文化；祥云图案有着丰富的文化内涵，它传递着天地自然、人本内在、宽容豁达的东方精神和吉庆祥和的美好祝愿，云纹所传递的正是东方文化所独有的，是"面"和"线"的飘逸洒脱和内在的人文精神，象征着尚泉茶韵的吉祥如意，祥云福瑞。无论是路过茶堂还是经过楼梯，都有云纹图案的吉祥祝福。

木作上的圆圈似涟漪般散去，老榆木的茶桌造型自然闲适，与整体空间的自然古朴相融相进；柜台造型古朴纯真，不失自然之天性，炭化木条做成的长方体顶在灯光的照射下，投射出斑驳的具有线条的光影

效果；藤编线条的各种灯饰造型，自然古朴，贯穿于整个空间，使得空间古朴、高雅、自然舒适。

四周的散座有机地围绕于圆形茶堂周围，中心的水琴与圆顶在对唱。茶架上的陶塑倾听着她们的对话，嗅着萦绕的茶香，姿态各异的茶壶炫耀着她们的美姿。

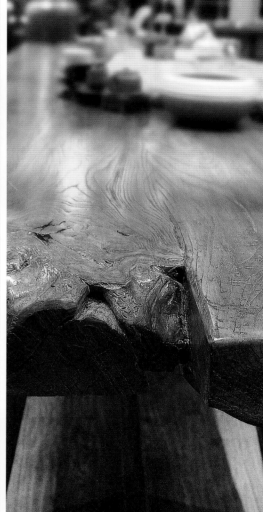
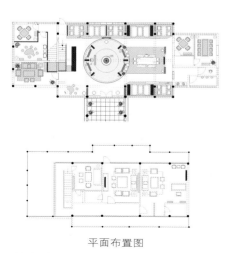

平面布置图

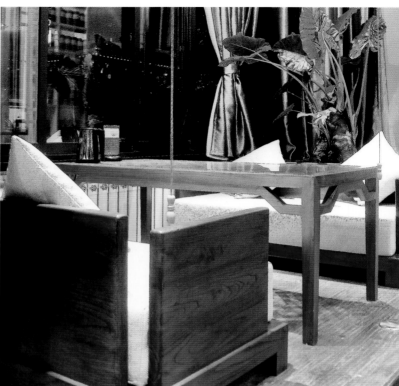

春水堂
Spring Water

设计单位：周易室内设计工作室 JOY Interior Design Studio　设计师：周易

项目地点：台中市

项目面积：396 平方米

主要材料：玻璃、抿石子、板岩砖、

　　　　　榻榻米、集成材

作为台湾知名人文茶馆连锁品牌春水堂，其设计紧随经营理念，提倡生活四艺，将插花、挂书、音乐、文化四种元素呈现在店铺的设计之中。

设计师周易从茶楼的入口到品茗处，通过极简主义的手法将茶文化的内涵尽显在这近 400 平方米的空间之中。

透过入口处格栅木质大门隐约显现"春水堂"，色调一致的栅门、桌椅、石头、墙壁、地板，似乎就要把人带回宋朝茶文化兴盛的年代。

在整个空间中摆设中，似乎看不到一丝多余却又拿捏得恰到好处。在空间布局上，三种不同样式的座位满足了顾客对饮茶品味的不同需求，各自拥有角落却不失各种元素的丰富层次。

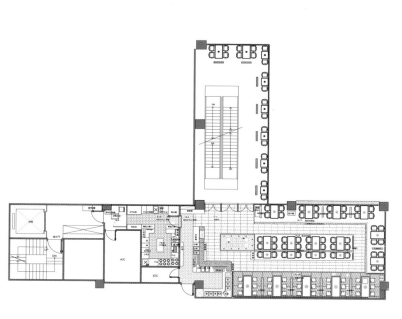

平面布置图

翰林茶馆
Han Lin Tea Room

设计单位：周易室内设计工作室 JOY Interior Design Studio   设计师：周易

项目地点：台南科学园区

项目面积：313.41 平方米

主要材料：玻璃、枕木、竹子、铁件、
        木皮、石头

　　翰林茶馆位于南科复合式商场 Park17 一楼，由于分割自大楼一隅，平面呈不容易处理的扇形。顺应基地形状，中央圆心部分被处理成为景观区；座位区沿着圆弧摆放，分为三阶段，并且逐层上升，让所有的来客都可以享受到中央的开放空间。最靠近中庭的第一阶座位是悠闲的日式座位区；第二阶则是可以自由调整的座席，以因应各种人数的客群；最边缘的座位区则以玻璃夹纱的屏风隔开，成为具有隐私的包厢区。

　　本案的设计中所现的"自然"，其实是一个相对的概念：一片草地，只是一片草地；但如果草地上多

一张长椅，草地就成了花园。自然，在本案的设计里成了一种精心计算后的结果，是一种坐在厚软沙发椅上舒适的气氛、是望着白石中庭产生的平静心绪。

秋山堂
Qiu Shan Hall

设计单位：周易室内设计工作室 JOY Interior Design Studio　设计师：周易

项目地点：台中市

项目面积：145.12 平方米

主要材料：铁件、木皮、玻璃

夏夜里品茗，图一整个夏季的畅快；放纵味觉释然的愉悦，在秋山堂里重新展开，除了将视觉余光停留在片片的叶上之外，袭上来的温热茶香，也揪住心理的感动。

将属于原始的味道，无论是浓郁、清新的茶香，都从叶罐里逐一唤醒，使香气都弥漫在整个空间内；于是，业主企望打造出符合空间的流畅度，足以揉合南国与北国风情的设计，使各方品茗的宾客，都流连于此。

为了结合中国人文与茶艺的精华呈现在空间内，

设计师从入口大门的开启，延伸到半开放的展示橱窗、庭院、品茗的五感空间内，都蕴含着人文极简的充沛元素。

人文解构空间

　　本动规划为两层楼，一楼为茶具、茶叶的销售空间、二楼为教学及饮茶的空间，运用利落的格栅辅阶梯而上，型上为拆解两空间的手法，本质上却为连成一气的设计主题。

　　已生锈铁面的钢构作为圆拱门展开的入口，设计师表示在生锈的处理过程中，必须要掌握、拿捏氧化的阶段，恰如其分的斑驳能为人文痕迹加分。

　　进入户外的庭园中，打造似苏州意象式的干景庭园，运用木头格栅、深色石头、石雕、石阶、地灯，随着步履一步步进入由风化木营造、肌效喷砂处理的墙面，显现出朴实、自然的橱窗；若隐若现地由外透视，恰似叶片层迭式的效果，此外长廊的木端景，一面镜子做端景的收束，使空间感倍增，不约间间产生迂回的视觉感知。

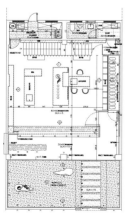

一层平面布置图

二层平面布置图

茗人居茶艺馆
Tea Drinker Teahouse

设计机构：汕头市伊诺装饰设计有限公司   设计师：蔡烈波、张育莲

项目面积：2000 平方米

主要材料：实木通花、墙纸、天然竹片、仿古砖、
抛光砖、黄锈石板、浅啡网石板、
火烧石板、茶色玻璃

本案所追求的是一种典雅、气派、豪华的现代中
式风格，因而要创造材质的应用给居室创造自然的气
息。在整体结构上，以简洁雅致的米白色为基调，再
以雕工精细的实木通花装饰门窗，既透光又增添中式
元素，来衬托饱满舒适的空间，使简洁与丰富取得平
衡。

另外，部分墙面贴有茶镜和木纹石，并挑选经典
优雅的中式家具，作为重点装饰，营造雍容大方的居
住环境。

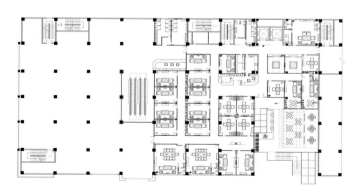

平面布置图

提香溢茶楼
Ti Xiang Yi Teahouse
设计机构：北京屋里门外设计公司　设计师：吴其华

项目地点：北京

项目面积：500 平方米

主要材料：法国木纹石、树挂冰花石材、
　　　　　木地板、批刮灰、条石、
　　　　　石材自然面（荒料）、中式花格

提香溢茶楼，在设计的定位上更像是一个私人会所。与以往的茶楼概念有所不同，大空间的处理大气稳重，将传统装饰元素的经典之处，提炼并演变成为新的设计符号，而在独立包房的小空间内，运用了细腻并充满文化气息的细节装饰。

在对色彩控制上，整个空间以稳重的暖色调，配合局部光源的处理，以亲切温馨的视觉体验让空间与人之间的关系更加紧密。传统庭院设计中常用的月亮门造型，被加以改进，以新的方式运用。一层的水景再现了月亮门的形式，但从功能上延展为水景的设计；而在几处包房的隔门处理上，则是延展了月亮门的概

念，将原本的经典造型，以传统瓷瓶的剪影形式呈现，带来新的视觉效果。

本案的设计灵感来源于对传统精髓的继承，茶文化本是中国经典的传统文化之一，中式风格主调的确立，通过现代简洁的设计语言来描述，将这样一处充满茶香的文化空间，拉近了与现代生活之间的距离。

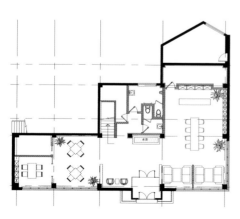

一层平面布置图

二层平面布置图

善缘坊茶会所
Shan Yuan Fang Tea Club

设计单位：福州维思空间张开旺设计事务所　　设计师：林文

项目地点：福建福州

项目面积：500 平方米

主要材料：山西黑火烧板、水曲柳染深色漆、
　　　　　金钱花大理石、手工条形砖

设计师通过现代简洁的空间语言，着力于茶会所文化意境的塑造。简洁的线条，给予空间纯粹的力度与美感，精致的结构、简洁硬朗的立面，富有活力的空间，现代与传统融合起来，作品里融入东方美学的特征，却并不显得矫揉造作。

叠拼青水砖在地面铺贴延伸，如水一般清爽而又洁净。在接待前区，设计师设计了宽敞的功能空间，墙面上以大理石的硬朗质感与美丽纹理相点缀，透露出空间尊贵的基调。展示柜上整齐陈列着精致的茶具、陶瓷以及名贵的寿山石工艺品，通过光源的照射，总是轻易便吸引了人们的眼球。在这里不仅仅可以品茗

论道，亦可欣赏展示柜上精美的艺术工艺品。听那一把古琴弹奏的一曲意味深长的古调，闲坐在此，喝一杯清茶，可以忘了那流水般溜走的时光，想必这也是设计师倍感满足的事情。

左侧区域，宽大的整木茶几，流畅线条的明式座椅，是品茗的极佳搭配。右侧则是茶艺表演的地方，一曲古筝演绎一段历史的故事，一泡好茶品出一种人生的悟境。异形的白色天花，那轻盈的造型让时光愈加灵动。顺着过道往里，每个包厢都有着浓郁的人文气息，无论简单还是繁复，都是洗涤心灵的处所。出自佛家大师之手的书法墨宝，弘扬的便是善缘禅法。那些泛着岁月旧时光芒的古董收藏品，所散发出来的韵味与艺术美感，令空间的简洁有了丰满的精神内涵。

陆子韵茶会所
Lu Ziyun Tea Club

设计单位：福州多维装饰工程设计有限公司　　设计师：张健

项目地点：福建福州

项目面积：800 平方米

主要材料：陶板砖、仿青砖条形墙砖、
　　　　　锈石石皮、黑白根大理石、金茶镜、
　　　　　文化石片岩、胶板、青花瓷、
　　　　　水曲柳面板棕色

会所的环境，和茶一样，清淡、朴素，整体设计风格以后现代中国风呈现。

功能区域分为：前厅，品茗区，包厢区；前厅区背景为陶板砖以深咖色平木线分割，收银台以锈石石皮和银色波纹板的组合，是自然的材料和平实手法的运用，满足了宾客的视觉和精神的享受，后区书画，古筝区抬升地坪，形成抬高区，上置古筝中式家具，四周以黑色云石围边，内水体、叠水涌墙、木栈道桥、烤漆玻璃山体轮廓造型，以 LED 灯带为分层，茶经诗句、演绎出"曲水流觞"的高雅情趣，抛其简单形似，追求内在神似。

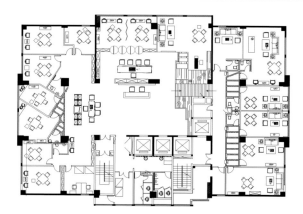

平面布置图

图书在版编目（CIP）数据

中式茶楼 /《典藏新中式》编委会编 . —— 北京：中国林业出版社，2013.10
（典藏新中式）
ISBN 978-7-5038-7185-6

Ⅰ . ①中… Ⅱ . ①典… Ⅲ . ①茶馆 – 室内装饰设计
Ⅳ . ① TU247.3

中国版本图书馆 CIP 数据核字 (2013) 第 210962 号

【典藏新中式】——中式茶楼

◎ 编委会成员名单
主　　编：贾　刚
编写成员：　贾　刚　王　琳　郭　婧　刘　君　贾　濛　李通宇　姚美慧　李晓娟
　　　　　　刘　丹　张　欣　钱　瑾　翟继祥　王与娟　李艳君　温国兴　曾　勇
　　　　　　黄京娜　罗国华　夏　茜　张　敏　滕德会　周英桂　李伟进　梁怡婷
◎ 丛书策划：金堂奖出版中心
◎ 特别鸣谢：思联文化

中国林业出版社　·　建筑与家居出版中心

责任编辑：纪亮 李丝丝
联系电话：010-8322 5283

出版：中国林业出版社
（100009 北京西城区德内大街刘海胡同 7 号）
http://lycb.forestry.gov.cn/
E-mail：cfphz@public.bta.net.cn
电话：（010）8322 5283
发行：中国林业出版社
印刷：北京利丰雅高长城印刷有限公司
版次：2013 年 10 月第 1 版
印次：2015 年 9 月第 2 次
开本：235mm×235mm 1/12
印张：16
字数：100 千字
本册定价：218.00 元（全套定价：872.00 元）

鸣谢

因稿件繁多内容多样，书中部分作品无法及时联系到作者，请作者通过编辑部与主编联系获取样书，并在此表示感谢。